環保小先鋒GO!

救救海洋

莉茲·戈格利 著　　桑切斯先生 繪

新雅文化事業有限公司
www.sunya.com.hk

環保小先鋒GO！
救救海洋

作　　　者：莉茲・戈格利（Liz Gogerly）
繪　　　圖：桑切斯先生（Sr. Sánchez）
翻　　　譯：劉慧燕
責任編輯：黃碧玲
美術設計：劉麗萍
出　　　版：新雅文化事業有限公司
　　　　　　香港英皇道499號北角工業大廈18樓
　　　　　　電話：（852）2138 7998
　　　　　　傳真：（852）2597 4003
　　　　　　網址：http://www.sunya.com.hk
　　　　　　電郵：marketing@sunya.com.hk
發　　　行：香港聯合書刊物流有限公司
　　　　　　香港荃灣德士古道220-248號荃灣工業中心16樓
　　　　　　電話：（852）2150 2100　　傳真：（852）2407 3062
　　　　　　電郵：info@suplogistics.com.hk

印　　　刷：中華商務彩色印刷有限公司
　　　　　　香港新界大埔汀麗路36號
版　　　次：二〇二四年三月初版

ISBN：978-962-08-8329-3
Original published in English language as 'Save The Seas!'
Text © Hodder and Stoughton 2021
Illustrations © Hodder and Stoughton 2021
Copyright licensed by Franklin Watts, an imprint of Hachette
Children's Group, Part of Hodder and Stoughton
Traditional Chinese Edition © 2024 Sun Ya Publications
(HK) Ltd.
18/F, North Point Industrial Building, 499 King's Road,
Hong Kong
Published in Hong Kong SAR, China
Printed in China

目錄

尋找貝殼

　　小麗帶着她的朋友來找住在海邊的梅姨姨。海灘退潮了，他們一起尋找貝殼，還順道在一堆堆漂浮物和廢棄物中篩選出一些浮木。在岩石間的水窪裏，他們看到海藻和鵝卵石。

　　不幸的是，孩子們還找到了很多塑膠。

森仔發現了一隻破舊的人字拖。

噢，真討厭！

這東西怎會來到這裏？

小麗在水窪中發現了一枝牙刷。

4

諾諾以為自己找到了一堆漂亮的貝殼。怎料湊近一看，才發現其中有一半是塑膠碎片。

這些碎片都不太漂亮啊！

露露找到了一根舊塑膠吸管。

這東西不應該在這裏啊。

海洋實況

2015年，一隻鼻腔插着塑膠吸管的海龜照片在網絡上瘋傳。牠可憐的模樣提高了人們對塑膠吸管危害動物的關注：現在世界上許多國家都禁止使用塑膠吸管。從那時開始，海洋生物受環境污染危害的照片，如：海鳥誤用牙籤餵飼雛鳥，或在一團團塑膠中游泳的魚等，陸續向我們揭示了海洋的真實情況。科學家甚至估計，世上所有小海龜的胃裏都有塑膠。

水中的鬼網

　　在漆黑的夜空下，孩子和梅姨姨圍坐在火堆旁。在這裏，他們聽到海浪拍打岸邊的聲音。這真是講鬼故事的最佳時機……

　　梅姨姨說的故事最可怕，那是關於「鬼網」的。「鬼網」是那些被遺留在海洋中的廢棄漁網。海洋生物難以察覺它們，因此極可能會被困住而受傷，甚至死亡。這些漁網大多會被岩石或珊瑚礁勾住，或是纏住海中的塑膠物品。無論最終流落何處，它們都對海洋生物構成危險。

海洋實況

廢棄的蟹籠、龍蝦籠、拖網、深海拖網和其他漁具，都是流落海中會危及海洋生物的殘骸。蟹籠捕獲的不只是螃蟹！海洋專家估計，海洋中有百分之十的塑膠廢物是廢棄漁網。

大多數漁網由尼龍或塑膠製成，需要極長時間才能分解。

這意味着它們會長期留在海底，對各種生物構成威脅。鯊魚、鯨、海豚、海龜、甲殼類動物和海鳥都有機會被鬼網捉住！

小麗想知道我們有什麼方法減低漁網造成的危害。梅姨姨解釋，有些漁民現在只會使用由可生物降解物料製成的漁網；此外，也有人不再使用漁網，改用其他方式捕魚。然而，我們仍需要更多法規和監管來確保漁網最終不會殘留於大海。

漲潮

　　第二天早上，孩子們回到海灘。只見海水拍打着岩石，所有沙都隱沒於海中，大家都很失望。梅姨姨連忙解釋，大約12小時後，海水就會退去，到時候他們又可以在海灘上尋寶了。

潮汐周期

潮汐的漲退稱為潮汐周期。這主要是由於月球自身的引力，將海洋拉向月球，進而引起漲潮。

退潮

漲潮

月球

漲潮

退潮

退潮

　　午餐後，大海再次後退，孩子們在金色的沙灘上奔跑。後來，他們開始收集塑膠。當露露在一堆海藻中細看時，發現了一隻小海豹。梅姨姨讓大家往後退，因為海豹會咬人。這隻小海豹看來是在潮退時和母親失散了，所以孩子們致電當地的野生動物組織求助。有時海水沖力帶來的影響會超出我們想像呢！

世界的海洋

孩子們回到學校，他們認識了新來的芭克老師。芭克老師告訴他們，這學期將會學習更多關於海洋的知識。

「海」還是「洋」？

我們通常將廣闊的海域一併稱作「海洋」，但其實「海」和「洋」是有區別的。「海」的面積比「洋」小，通常是指「洋」和陸地交匯的水域。

河口

紅樹林

鹽沼

岩岸

大西洋

太平洋

芭克老師解釋，海洋是一個覆蓋地球超過百分之七十面積的生態系統。它大得我們永遠無法全部探索。這片龐大的水域為我們提供了飲用水、食物、能源，甚至藥物。海洋是如此令人驚歎，值得我們好好照料！

北冰洋

太平洋

印度洋

南冰洋

海岸

海藻林

深海

珊瑚礁

外海

極地水域

海洋實況

海洋的深度比世上最高的山還要深。位處北太平洋的馬里亞納海溝，是世上所有海洋的最深處。如果珠穆朗瑪峯在這裏被淹沒，它的山峯將會被2公里深的海水覆蓋！

陽光帶、暮光帶及午夜帶

芭克老師熱愛海洋！她酷愛衝浪，所以她特別喜歡海浪——尤其當海浪強大得可以讓她從海中央滑到岸邊。不過有時候衝浪板會失控，她就會掉進水裏！水底可是有着不同分區的另一個世界啊……

透光帶

海的最上層是**透光帶**，也被稱為陽光帶。陽光能到達這個區域，這表示海藻、浮游植物、紅樹林和海草可以在這裏生長。既然這裏有豐富的食物，自然能找到大量海洋生物，例如鯊魚、鯨、海豚、海龜和水母等。

弱光帶▶

弱光帶幾乎接收不到任何陽光，因此它又被稱為暮光帶。幾乎沒有光，代表着植物不能生長，這裏的所有生物都只能依靠進食由上層掉下來的東西或是獵食其他生物。這裏能找到魷魚、章魚、劍魚、墨魚和鰻魚。有些在這裏生活的魚類身體能生物發光，藉此幫助尋找食物。

無光帶▶

無光帶也被稱為午夜帶，因為它是海洋最深最黑暗的區域。這裏沒有太多可吃的，有很多生物都是捕食性動物，隨時準備撕咬任何阻擋牠們去路的東西！這裏有更多生物能自行發光，以引誘牠們的獵物。吞鰻、黑頭魚、鑽光魚和鮟鱇魚是在這一帶能找到的部分生物。

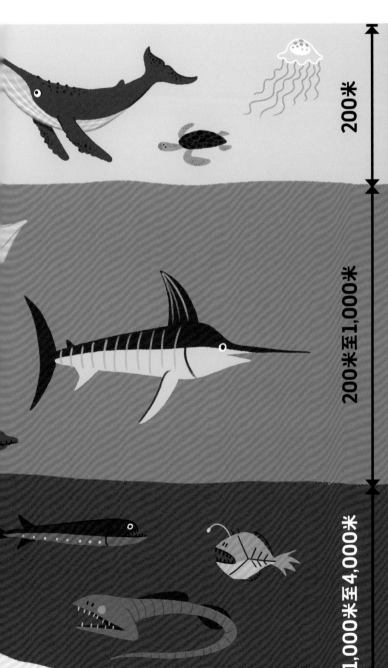

200米

200米至1,000米

1,000米至4,000米

製作海洋分層瓶

你需要：

- 1個有蓋的瓶
- 1個用於混合材料的碗和匙子
- 黑色糖漿
- 藍色食用色素
- 食油
- 清水
- 標籤貼紙
- 筆

做法：

1. 將黑色糖漿倒入瓶中至約 $\frac{1}{3}$。

2. 在碗中倒入清水，並加入藍色食用色素，直至調成深藍色。

3. 小心地把水倒入瓶中至約 $\frac{2}{3}$。
   注意：水應停留在糖漿之上。

4. 在碗中倒入食油，並加入少許藍色食用色素，直至調成淺藍色。

5. 小心地把油倒入瓶中。注意：油應停留在水之上。

6. 海洋分層瓶完成了！你可以如右圖般用筆和標籤貼紙標示出每個分層。

陽光帶

暮光帶

午夜帶

海洋生物的晚餐

　　芭克老師組織了一次學校的水族館之旅。諾諾迫不及待想看看章魚，聽說牠們只要用手臂觸碰物品就能嘗到味道！露露很期待看到海馬，據說牠們每天要進食約30至50次！

　　這個水族館住滿了來自世界各地的海洋生物。工作人員知道如何好好照顧每種生物，為牠們創造最好的生活環境並提供合適營養的食物。這時，孩子們在觀看飼養員餵動物⋯⋯

這種北太平洋巨型章魚於晚間最活躍，所以飼養員要輕輕喚醒牠進食。轉眼間，牠的身體從灰色變成了紅色！牠最喜歡大口吃下螃蟹、蛤蜊、蝦和魚。

海馬被餵食冷凍蝦，牠們平常在大海裏會吃浮游生物，進食時會發出響亮的咔噠咔噠聲⋯⋯▶

這些檸檬鯊的晚餐混合了青口、大蝦、鯖魚和其他魚類。飼養員解釋，因為這些鯊魚被餵養得很好，所以牠們不會吃在身邊游泳的魚。▼

毫不害羞的巴布亞企鵝搖搖擺擺地走來要魚兒吃。飼養員親手把魚餵給牠們，以便近距離觀察牠們的健康狀況。▼

鯨的啟示

　　海洋裏住了各種充滿魅力的生物。可悲的是，這些令人讚歎的海洋生物正面臨生存危機，這與牠們吃下肚子的東西息息相關……

　　露露讀到一個關於鯨被沖上沙灘的故事。人們發現牠吃掉了超過100公斤的垃圾，其中包括塑膠袋、尼龍繩甚至塑膠杯！那些塑膠已經形成一個硬球，堵塞了鯨的胃，使牠無法再進食。

海洋實況

已有數百種海洋生物被發現體內含有微塑膠，當中包括魚、海豚和海豹。有時候，連人類食用的魚都受到微塑膠的污染。微塑膠的來源：

* 由體積較大的塑膠隨年月分解而來；
* 一些健康和美容產品，例如牙膏和乳霜中所包含的微膠粒；
* 紡織品和衣服在洗滌時脫落的微纖維。

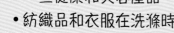
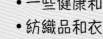

諾諾發現他在沙灘收集到的那些塑膠並不是海洋生物面臨的唯一危機。海洋生物時常會把體積小於5毫米的微塑膠誤認為是食物，並把它們大口吞下……

海洋食物鏈

海洋食物鏈始於浮游植物。浮游植物利用光合作用將來自太陽的光能，轉化為自身所需的能量，然後沿着食物鏈把能量傳遞給浮游動物，包括磷蝦和一些蝦類微生物。

浮游植物 + 浮游動物 = 浮游生物

浮游生物是海洋中所有生物的生存關鍵。從小小的魚、海螺和螃蟹，到水母和巨大的鯨鯊等，各種海洋生物都吃浮游生物。

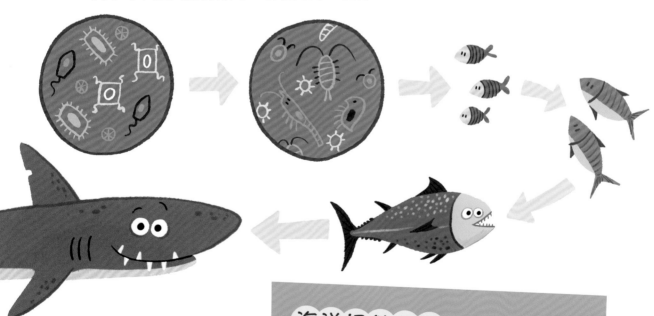

看看上圖就知道食物能量是如何通過海洋食物鏈傳遞。小魚經常是大魚的晚餐！

海洋拯救行動

我們要消除微塑膠對海洋生物的威脅，唯一的方法是減少釋放塑膠到海洋中。即使你住在遠離海洋的地方，你也可以通過盡量減少使用、物盡其用和循環回收塑膠來出一分力。當你到郊外走動時，請務必帶走你的垃圾。

海洋與氣候變化

孩子們在大風的日子來到海灘，看到巨大的海浪翻過海堤。這景象讓小麗意識到天氣和大海之間的連繫。

強大的洋流也會影響全球氣候。來自太陽的熱能被海洋吸收，洋流將這些熱量均勻地散布在地球各處。科學家將這過程稱為「全球大洋輸送帶」，它會影響降雨、風速，導致洪水、旱災甚至颶風。

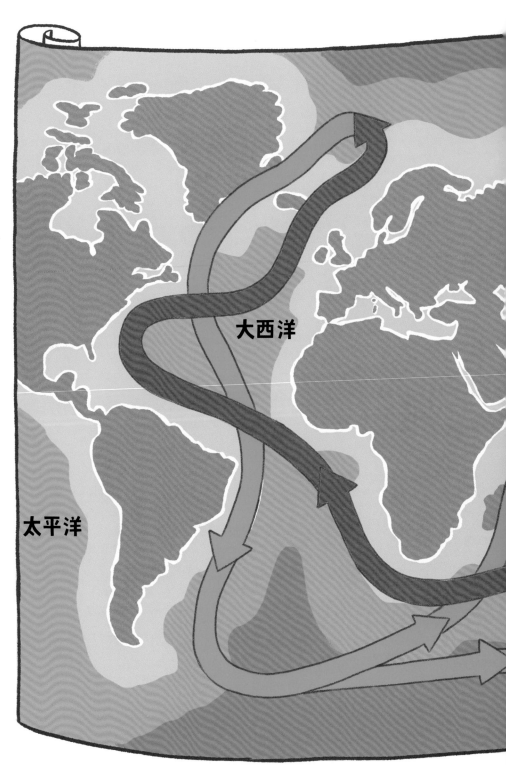

大西洋

太平洋

科學家發現，由於全球暖化，海洋的溫度正逐漸上升。海洋變暖正無聲無息地改變洋流，這意味着天氣模式會被破壞。科學家預測，未來風暴和颱風會變得更強，降雨量也會更大。

北冰洋

來自赤道和熱帶地區的溫暖海水流向地球兩極，而來自兩極的寒冷海水則流向熱帶地區。

太平洋

淺層暖流

南冰洋

深層寒流

海洋實況

全球大洋輸送帶曾在約95萬年前崩潰，這或許就是引致冰河時期出現的原因。有些科學家認為，由於氣候變化，我們的洋流正在減慢。誰也不知這會否導致另一個冰河時期出現。

海平面上升會怎樣？

小麗很想為應對氣候變遷出一分力，她曾在本地的環保組織擔任義工。莉莉多年來一直是該組織的成員，她向小麗解釋海平面上升造成的問題。

事實與數據

世界各地的海平面都在上升。自1880年起，全球暖化導致全球海平面上升了約23厘米。過去25年海平面上升速度更快，每年海平面約上升3.2毫米。

海平面為何上升？

隨着地球變暖，冰川、冰蓋，以及海上的冰山和浮冰正在融化，融化而來的水便會流入大海。此外，隨着海洋變暖，水也會因熱脹冷縮而膨脹。

動物危機

北極熊生活在北冰洋的海冰上。隨着冰層融化，北極熊難以到達可供覓食生存的地方。海龜、海豹，還有其他動物都會在沙灘上築巢、產卵和撫養孩子。海平面上升代表許多生物將失去自然棲息地，牠們將被迫爭奪更小的生存空間，因而導致數量下降。

人類危機

人類同樣深受其害。洪水不斷侵害意大利威尼斯，導致房屋損毀，旅遊業受到嚴重影響。威尼斯遭遇過無數次淹水，但2019年的淹水，卻破紀錄地令威尼斯85%的地區受影響。海平面將持續上升，這意味着未來更多的動物和地區將面臨危險。孟加拉等國家、美國部分地區如佛羅里達州以及意大利威尼斯等地方，可能有一天會被海洋完全覆蓋。

珊瑚礁的危機

　　諾諾的哥哥阿祖去了澳洲大堡礁潛水，他傳訊息給諾諾分享自己的見聞（見下圖）。

　　諾諾很好奇是什麼原因導致哥哥所說的珊瑚礁白化。經他了解，原來只要海水溫度升高攝氏一度，白化就會出現。因為當溫度太高時，生活在珊瑚內的彩色藻類會離開，使珊瑚變成白色。如果高溫持續，藻類便不會回來，珊瑚就會死亡。

諾諾：
這裏的珊瑚礁實在太美了——色彩繽紛，充滿生氣。我還在海裏看到魔鬼魚、海龜，甚至還有儒艮！但讓人十分難過的是，部分珊瑚礁已經「白化」，看起來完全是白色的。那裏沒有魚，讓人看得心裏發毛。我們一定要拯救這些美麗的珊瑚礁！
　　　　　　　　　哥哥阿祖

大堡礁

澳洲大堡礁的珊瑚礁在1980年、1982年、1992年、1994年、1998年、2002年、2006年、2016年和2017年均遭到嚴重破壞。科學家擔心珊瑚礁白化將會每年發生，導致珊瑚再沒有機會重新生長。

澳洲

大堡礁

海洋酸化

諾諾還發現了海洋酸化正在危害珊瑚和其他海洋生物。由於釋放到大氣中的二氧化碳等溫室氣體被海洋吸收，改變了海水的化學成分，影響了酸鹼值，使海水變酸。浮游動物和整個海洋食物鏈都受到酸化的影響。

🐟 探索我們的海洋

露露正在閱讀古時海洋探險家的故事。
縱觀歷史，浩瀚的海洋一直令人類着迷。

在古代，腓尼基人、希臘人、羅馬人、
維京人和中國人都曾揚帆出海尋找新土地。

基斯杜化·哥倫布▶

據說挪威探險家萊夫·艾瑞克森 (Leif Eriksen) 曾於1002年左右橫渡大西洋，成為第一個到達北美洲的歐洲人。

在15世紀初，中國船隊探索了中國海和印度洋。

到15世紀後期，探險家基斯杜化·哥倫布 (Christoper Columbus) 嘗試橫渡大西洋探索亞洲。最終他登陸了美洲，並自稱發現「新大陸」——儘管那裏已經有人居住。

24

萊夫·艾瑞克森◀

斐迪南·麥哲倫▼

不少人曾嘗試乘船環遊世界。葡萄牙探險家斐迪南·麥哲倫（Ferdinand Magellan）應是已知的第一個早在1519年至1522年間便環球航行的人。1766年，法國探險家珍妮·芭蕾（Jeanne Baret）則是第一位環遊世界的女性，儘管她當時必須女扮男裝才能成行。

弗朗索瓦·加巴特 ▼

◀ 珍妮·芭蕾

▲
克里斯蒂娜·喬齊諾
夫斯卡·利斯基維奇

1976年，克里斯蒂娜成為第一位單人環球航行的女性。紐西蘭選手娜歐蜜·詹姆斯（Naomi James）試圖打破紀錄，但仍被克里斯蒂娜擊敗。

娜歐蜜·詹姆斯 ▼

蘿拉·德克爾 ▲

年僅16歲的蘿拉·德克爾（Laura Dekker）是最年輕的環球航行航海家。她於2010年出發，共花了17個月時間完成旅程。法國航海家弗朗索瓦·加巴特（Francois Gabart）於2017年僅用了42天就完成了環球航行，打破了單人探險的最快紀錄。

海洋實況

過去，人們航海多是為了探索世界或刷新紀錄；現在，有許多航海家希望能拯救海洋！蘿拉·德克爾大力支持一個積極保護海洋和海洋生物的組織。該組織的船隊致力打擊對海洋或海洋生物構成威脅的非法活動。而弗朗索瓦·加巴特則利用他對海洋的知識和熱愛，從事應對氣候變化的活動。

拯救海洋的衝浪者

芭克老師和她的衝浪朋友們正在清潔海灘。他們一邊鏟起垃圾，一邊討論世界上最大的海浪，那是衝浪愛好者夢寐以求想征服的滔天巨浪……

海洋拯救行動

衝浪者應選購由可再生和可回收物料製成的衝浪板，而非塑膠製的衝浪板！

來自美國的凱利·史萊特 (Kelly Slater)是世上征服過最多巨浪的衝浪者。這位衝浪界的超級英雄獲得11次世界衝浪冠軍，獲譽為史上最偉大的衝浪運動員。同時，他也大力支持環保組織，積極推動海灘清潔活動和教育人們保護海灘和海洋。

衝浪板為什麼會漂浮？

若衝浪板的密度小於水的密度，它便能夠漂浮。海水的鹽分很高，所以密度也高。以下這個簡單的活動，將讓你看到鹽是如何影響水的密度。

你需要：

- 2個能容納雞蛋的
- 高玻璃杯
- 溫水
- 鹽
- 2隻雞蛋
- 1把直尺

做法：

1. 分別在兩個玻璃杯中注入 $\frac{3}{4}$ 杯溫水。

2. 將3湯匙鹽混合到其中一個玻璃杯中，攪拌至全部溶解。

3. 輕輕將2隻雞蛋分別放入2個玻璃杯中。

4. 用直尺量度2隻雞蛋浮起的高度。

裝有鹽水的玻璃杯中的雞蛋應該會浮起來。因為在水中添加鹽會使水變得濃稠，水的質量增加（變得更重）。這樣水的密度便會上升，能讓物品浮在水上。

怪物級巨浪

諾諾收到哥哥阿祖傳來的另一個訊息：阿祖剛剛經歷了他所遇過的最大的海浪！

怪物級巨浪

諾諾發現，即使海面平靜，巨浪也有可能隨時隨地出現。
幾百年來，漁民們一直談論「瘋狗浪」的危險，然而，科學家直到近年才開始研究高達30米以上的致命海浪。

諾諾：
我現在在美麗的峇里島。這裏就像天堂一樣，除了今天我被一些意想不到的巨浪淹得渾身濕透！救生員說這是因為太平洋的風暴造成。風暴越來越猛烈，海浪也越來越洶湧！
　　　　　　　　　　哥哥阿祖

德勞普納波，又稱「新年巨浪」，是第一個被記錄的怪物級海浪。1995年1月1日，這股巨浪襲擊了挪威附近北海的德勞普納天然氣平台，並錄得高度高達25.6米，約七層的樓高。▶

全球氣候會越來越潮濕和混亂嗎？科學家認為，全球暖化會使海上風暴變得更加強大，颶風和颱風比以往都更猛烈、更具破壞力。此外，由於海平面上升，風暴潮也會變得越來越嚴重。

海嘯

　　諾諾在學校向芭克老師和其他同學說起瘋狗浪。芭克老師告訴他們，今天他們將會認識到另一種駭人的浪——海嘯。

　　海嘯是一堵巨大的水牆，當海嘯襲向陸地時，威力足以摧毀整個社區和奪去數以千計人命。這些強大的波浪是由海底發生的地震、海底滑坡或火山爆發造成。海底的移動導致海水上升並形成海嘯。

一些科學家認為氣候變化和海嘯之間存在着關聯。有些海嘯是由海上地震引起的，但部分科學家認為地震可能是由氣候變化引發。全球暖化導致海平面上升，可能導致未來出現破壞力更大的海嘯。

海洋實況

有史以來最高的海嘯發生在1958年阿拉斯加的利圖亞灣。海嘯高度超過30米。2004年發生在印度洋沿岸的南亞大海嘯是迄今傷亡最慘重的一次海嘯，造成超過23萬人死亡。這是由黎克特制9.1級（最高10級）海底地震引發。

向上波浪

地震震央

斷層線

海洋拯救行動

也許你很難理解生活中的小事如何能夠影響滔天巨浪，但如果每個人都改變自己的生活，那麼我們就可以共同應對氣候變化和全球暖化。

我們可以減少駕駛私家車，多步行或以單車代步；穿上毛衣保暖而減少開暖氣，還有時刻緊記要關燈。

海洋的力量

單是想起海嘯和瘋狗浪，想像到它們的威力，孩子們就怕得不禁起雞皮疙瘩。芭克老師告訴他們，工程師們已經找到了從海浪中產生能量的方法——這是波浪能。然而，這技術成本高昂，尚未被廣泛應用。

人們可以通過三種方式取得波浪產生的能量。

1. 海面上的裝置隨着波浪上下移動獲取能量。

鉸鏈浮標

水面

目前，世界上大部分能源都是由石油、天然氣和煤炭等化石燃料所產生。燃燒這些不可再生資源會向大氣釋放碳（碳排放），導致全球暖化。而海洋是巨大的可再生能源，想到有一天海洋能幫助滿足世界一部分的能源所需，真令人興奮。

2. 波浪使在水下的活塞上下移動，藉由這種動力來發電。

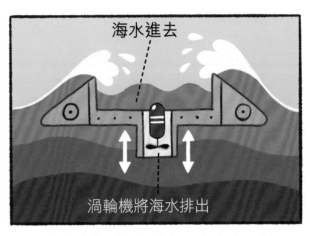

3. 將水收集到海岸線上的水庫中，然後通過渦輪機泵回大海以產生能量。

海洋實況

潮汐能是我們可以從海洋獲取的另一種能源。隨着潮汐漲退，海水的運動能使水下渦輪機轉動而發電。

海洋最大的奧秘

孩子們正在觀看一部有關海洋的紀錄片，這引發了他們思考。令人驚訝的是，我們對海洋的了解原來如此少。

森仔對出現在海中的「藍眼淚」現象感到敬畏，它的光芒大得你可以在太空衛星照片上看到。「藍眼淚」其實是夜光藻，在世界各地都曾出現過。這種藻類會發出藍色的光芒，充滿神秘感！

丹麥海峽

冰島
格陵蘭

溫水流

冷水下沉

冷水溢出

小麗想多了解神秘的海底地形。她知道海底潛藏着火山和瀑布。世界上最大的海底瀑布位於丹麥海峽，冷水從高處瀉下到海底，沒有人真正理解它是如何發生的。

海洋拯救行動

我們的海洋和海岸線上還有很多令人驚歎的生物等着你去發現。巨型魷魚「挪威海怪」或巨型皇帶魚只是傳說中的神秘生物——你可以在書上和互聯網上找找看。牠們究竟是什麼奇怪的生物呢？

諾諾熱愛海洋生物，生存歷史悠久的水母是他的最愛。牠們生活於世界各地的溫暖水域中，並因其永生的特質而聞名。一旦水母成熟，牠就會縮小，沉入海底，並在那兒再次開始其生命周期。

露露對儒艮和海牛感興趣。這些溫柔的巨人很相似，但不是同一物種。過去，曾有水手將牠們誤認為人魚。牠們確實有像人類一樣的眼睛，但看看牠們的鼻子！

海洋實況

沒有人知道海洋裏有多少種生物。目前我們已知的約有242,500種海洋物種，但據估計，海洋物種數量多達50萬至1,000萬種。每年約有2,000個新物種被發現及記錄。

對抗污染，拯救海洋

海洋看似強大不凡，我們還可以做些什麼來拯救它呢？我們可以通過解決塑膠污染來幫助海洋維持寶貴的生物多樣性。

森仔去幫父母買東西時，一定會自備可重用的購物袋。

我不希望自己用過的塑膠袋會把任何生物困住或殺害。

即使很小的改變也可以拯救海洋動物的生命。

海洋實況
每年約有83億根塑膠吸管被沖到海灘上。停用塑膠吸管是一件你最容易做到，又對環境大有幫助的事情。

露露從不使用塑膠吸管！即使有紙、金屬或玻璃製成的替代品，她也寧願不用……

石油污染也危害到海洋的生物多樣性。油輪漏油或油管洩漏會毒害並殺死各種海洋生物。海灘或紅樹林等野生動物棲息地有可能在不久的將來變得不宜居住。汽車滴在道路上的燃油，最終也會流入海洋——這稱為非點源污染。

我們要將家裏的塑膠微珠趕盡殺絕！

我正朝着「正確的方向」邁進。

小麗在家中有個任務，就是負責制止家中產生微塑膠。她請媽媽在購買任何清潔產品、化妝品和盥洗用品之前都先仔細閱讀成分表。

海洋拯救行動

請到以下網址查出哪些產品不含微膠粒：
https://www.epd.gov.hk/epd/clean_shorelines/byebyemicrobeads/tc/brands.html

諾諾選擇多步行或騎單車代步，而不是坐汽車。這是減少石油消耗的一個小方法。如果每個人都這樣做，那麼滴在道路上的燃油就會減少很多。

減少使用➡物盡其用➡

不論你生活的地方是否靠近海洋，我們都可以為保護這個寶貴的生態系統出一分力。孩子們也在自己的生活中作出了改變。

諾諾鼓勵他所有的朋友和家人盡量以單車代步。他的家人也會與朋友共乘汽車外出。**減少**汽車碳排放有助於延緩氣候變化，幫助拯救海洋……

森仔盡量**重用**資源而不隨便把物品丟棄。比如他的足球鞋不合穿了，他便把鞋子轉贈給一個足球隊的男孩……

循環回收➜重新思考

工廠需要能源來製造我們使用或穿着的所有東西。此外，還需要能源來運送這些貨物。通過重用和回收，我們就能從以上兩方面節省能源。

小麗戴着的太陽眼鏡是由海洋塑膠**回收**製成的。實踐環保的感覺真好，而且她看起來很帥氣呢！此外，她還着手減少浴室的塑膠製品。現在她用肥皂洗澡和洗髮，不再使用瓶裝產品。

露露和家人正在**重新思考**他們的購物方式。他們會購買沒有包裝的水果和蔬菜，還會帶備自己的容器來盛載麪條和麪粉。

海洋拯救行動

我們都可以改變自己的生活以延緩氣候變化。你能想出**減少**、**重用**和**回收**的方法嗎？有哪些事情你可以**重新思考**並以新方式去做呢？

優質漁穫

我們可以通過確保所吃魚類來自負責任的來源，並非來自過度捕撈，來幫助維持海洋的生物多樣性。

當魚類捕撈速度高於其繁殖或替代速度時，就會出現過度捕撈。從海洋中獲取過多的魚類會破壞食物鏈，進而對整個海洋生態系統產生影響。

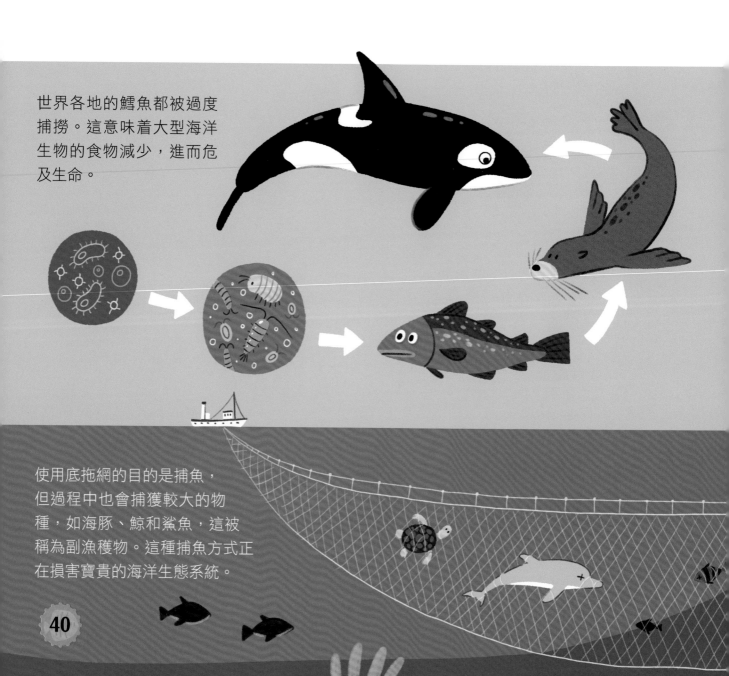

世界各地的鱈魚都被過度捕撈。這意味着大型海洋生物的食物減少，進而危及生命。

使用底拖網的目的是捕魚，但過程中也會捕獲較大的物種，如海豚、鯨和鯊魚，這被稱為副漁穫物。這種捕魚方式正在損害寶貴的海洋生態系統。

學校的廚師李先生會確保給學生們吃的金槍魚是用魚竿和魚線捕獲的。通過這種方式，漁民一次只捕一條魚，能避免對其他海洋生物造成傷害。此外，如果漁民釣到較細小的魚，會把牠們丟回海中。

孩子們的晚餐是炸魚薯條。鱈魚是他們從一家來源可靠的商店購買。

懸崖邊的世界

　　芭克老師組織了一次有趣的海邊旅行。孩子們在懸崖高處可以看到海鳥築巢和聽到牠們叫個不停！

　　老師解釋，懸崖是鳥類的自然棲息地。陡峭的懸崖是由石灰岩構成的。每年總會有部分懸崖因被侵蝕而崩塌，並掉進海。侵蝕是由風和海浪撞擊陸地而造成的。

有些房子看起來非常靠近懸崖邊緣。芭克老師說，每年都有一些懸崖上的房屋因懸崖侵蝕而消失。隨着海平面上升，侵蝕發生得越來越快。

被侵蝕的沙子、卵石和其他物質隨海水沿着海岸上下移動，這個過程稱為「運輸」。這可能會損害人類、植物和動物的沿海環境。

有時候，整個世界都彷彿處於懸崖邊緣。我們急需改變我們的生活方式，以延緩全球暖化，並阻止海平面上升……

孩子們在沙丘上跳躍，還玩起捉迷藏。芭克老師說，這些沙丘是海岸抵禦侵蝕的天然防禦措施。沙丘是不少動植物的家園，我們也應好好保護它。

海洋實況

防止海岸侵蝕的常見方法包括：建造海堤、縱向防波堤、突堤等，或種植植被以阻止沙子被海水帶走。此外，解決海岸侵蝕問題的另一種新方法，是在高危地區的海灘上放置更多沙子。這種方法稱為「海灘復原」，有助於保護生物的自然棲息地和家園。

立即拯救海洋

現在是孩子的遊戲時間。

諾諾站在衝浪板上。這讓他想起海浪中的能量，以及如何利用這些能量來滿足我們的能源需求。

小麗正在游泳。海水讓她感到舒服又溫暖，而且每年也會再比之前溫暖一點。夏季變得更熱，熱浪來襲的時間更長。這讓她思考世界的轉變。

芭克老師今天把衝浪板留在家裏。她微笑看着孩子享受海洋及它帶來的一切。她決心和孩子們一樣，盡自己的一分力來拯救海洋。

44

森仔喜歡在岩石間的水窪探索。他會用網撈起生物仔細觀察，然後再把牠們放回去。

海洋拯救行動

防曬霜中的某些成分可能會傷害珊瑚礁或其他海洋生物。請找找有哪些防曬霜不含有害化學物質，對珊瑚礁無害。

露露用手撫摸着金黃色的沙，她在想像50年後的世界會是什麼樣子。孩子們還能在陽光明媚的日子裏，坐在這裏享受和他們一樣的樂趣嗎？

海洋拯救行動

如果你去海邊玩，請負起責任，妥善處理垃圾和塑膠。不要帶走大自然的一草一木，一沙一石，以免破壞生態系統。

45

詞彙表

二畫

二氧化碳：所有動物在呼氣時都會產生的無色氣體。它也會在植物進行光合作用及含碳物質（例如化石燃料）燃燒時產生。

四畫

化石燃料：天然燃料，例如煤炭、石油或天然氣，由很久以前的生物遺骸產生。

引力：一股無形力量將物體拉向彼此。月球的引力會拉動海水。

水庫：用作供水的大型天然或人造湖泊。

五畫

可生物降解：可以被土壤或水中的細菌或其他生物分解的物料。

可再生：可以自然地補充及替代的東西。可再生能源包括太陽能、風能和水力能。

生物多樣性：指在任何棲息地中，生物的多樣性及差異性。生物包括植物、動物和昆蟲。

生態系統：指在一個特定環境內，相互作用的所有生物和非生物（例如土壤、岩石、水和氣候）組成的羣體。生態系統內的事物會通過食物鏈和能量循環連結一起。

六畫

全球暖化：地球温度升高，導致氣候變化。

地震：地球深處的運動導致地表震動，有時甚至造成破裂。

污染：指一物混入了另一種化學物質，造成危害，例如石油洩漏後，海洋被石油污染。

八畫

河口：河流匯入大海的寬闊下游區域。

九畫

珊瑚礁：由稱為珊瑚的海洋生物形成的海中岩石山脊。

紅樹林：沿海生態系統生長着根系茂密的熱帶樹木。

食物鏈：在每個生態系統中，較小的生物常常成為較大的動物的食物，而較大動物又成為更大動物的食物。能量和營養物質就這樣沿着食物鏈傳遞。

十畫

氣候變化：地球天氣模式的長期變化。

浮游生物：生活在淡水或海洋中的微生物，包括植物和動物。

浮游植物：生活在海洋中的微型植物。

海岸侵蝕：海浪沖走海灘、沙丘或懸崖的沙子或石頭，導致沿岸土地損失或移位。

海洋酸化：當海洋吸收二氧化碳時，會發生化學反應，使水變得更酸，危害珊瑚礁和其他生物。

海嘯：由海上地震引起的一系列衝擊陸地的巨浪。

十一畫

乾旱：長時間降雨量極少，導致缺水。

十二畫

溫室氣體：是指地球大氣中能夠吸收太陽輻射的氣體，會造成溫室效應和全球暖化。

十三畫

微珠：直徑小於1毫米的固體塑膠顆粒，通常用於化妝品和清潔產品。這些物質透過下水道從我們家的水槽流到河流和海洋。

微塑膠：來自家用或工業塑膠碎裂而來的小塑膠片或顆粒。

微纖維：從聚酯纖維等人造織物中脫落的超細纖維。

十四畫

漂浮物和廢棄物：漂浮於水面的船隻殘骸或碎片，或從船上拋出的物體，最終它們均會流落到海灘上。

颱風：在印度洋或西太平洋上空形成的一種具有破壞力的大型熱帶風暴。

十六畫

龍蝦籠：用以捕捉龍蝦的陷阱。

十七畫

颶風：在大西洋上空形成的大型旋轉熱帶風暴，是破壞力很強的風。

十九畫

藻類：一組含有葉綠素的活生物體。藻類遍布地球，但主要存在於水中。

延伸資訊

地球之友

https://www.foe.org.hk

一個倡導環保事業，致力保護大自然的國際組織。你可以參加該會在當地的活動，以減少你所在地區的塑膠使用，保護大自然和海洋。

綠色和平

https://www.greenpeace.org/hongkong/

加入這個積極拯救海洋的全球慈善機構。它舉辦的活動包括：應對氣候變化、保護海洋免受塑膠污染、永續漁業活動和促進海洋保護區的建設。

香港海洋生態協會

https://www.oystersos.org/zh

該機構本着改善和修復香港海洋的使命，於2020年成立，致力於改善本地水質及海洋生態。

海岸清潔

https://www.epd.gov.hk/epd/clean_shorelines/

這是由香港特區政府推行的淨灘活動，目的是清理海灘上的垃圾。公眾可到網站查閱有哪些活動開放給公眾一同參與。

世界自然基金會

https://www.wwf.org.hk

世界自然基金會致力於對抗塑膠污染、海洋酸化、過度捕撈、海岸開發等議題。你可以參與該會的活動，幫助推廣各種保育工作。

索引